あなたを守る！
作業者のための安全衛生ガイド

産業用ロボット
取扱い作業

　本書は、産業用ロボット取扱い作業に従事する方々が、日々安全に働くことができるよう作成したものです。作業を安全に行うための基本と留意点を、わかりやすくコンパクトに説明しました。

　また、作業を行うに当たってのポイントをまとめたチェックリスト（例）を添付しましたので、ぜひ活用してください。

JN121489

中央労働災害防止協会

目次

1 産業用ロボットと安全 ………………………………………… 3

2 災害事例 …………………………………………………………… 4

3 産業用ロボットの基本事項 …………………………………… 8

4 産業用ロボット取扱い作業と関係法令 …………………… 14

5 安全作業のポイント …………………………………………… 18

(資料1)労働安全衛生規則中の主な関係条文 ………………………… 26
(資料2)安衛則の「産業用ロボット」の適用除外となる機械 ……… 28
(参　考)チェックリスト(例) …………………………………………… 29

※ 本書では、様々な機種や用途の産業用ロボットに対応できるよう、多くのロボットに共通する
　安全作業のポイント等を紹介しています。

法令略称、用語等について

●本書では、参照する法令の条文番号の記載で以下の法令略称を用いています。
　労働安全衛生法……「安衛法」または「法」
　労働安全衛生規則……「安衛則」または「則」
　(例)労働安全衛生規則第36条第31号……安衛則36条31号、則36条31号
●本書では、文章表現を簡潔にするため、支障のない範囲内で「産業用ロボット」のことを単に「ロボット」
　と表記しています。
●その他、特別の場合を除き、以下のように用語を表記しています。
　マニプレータ……アームまたはマニピュレータ
　エンドエフェクタ、メカニカルハンド(クランプ)、ツール……ハンド等
　固定式操作盤、ロボット操作盤、ロボット制御盤等……ロボットコントローラ
　可搬式操作盤、ティーチングボックス、プログラミングペンダント等……教示操作盤

1 産業用ロボットと安全

産業用ロボットを導入し、生産設備の自動化を図ることは一般的になっています。産業用ロボットは、危険・有害な作業を人間に代替して行うことができ、労働災害防止に寄与するとともに、生産の効率化や品質の向上などの効果も期待されます。製造業の生産現場だけでなく、建設業、サービス業などの多くの業種へと、今後ますます利用が拡大していくでしょう。

一方、産業用ロボットの取扱い作業（教示、検査、修理、掃除、給油、運転監視等）において、ロボットの不意の作動等によるはさまれ・巻き込まれ、激突されなどの災害が発生しており（下表）、死亡災害も多発しています。

「産業用ロボットは機構や制御の仕組みが複雑である」「アーム（マニピュレータ）の動きが速く、また予測が難しい」といった産業用ロボットの特性を踏まえ、各作業時の危険と安全作業のポイントをよく理解するとともに、決められたルールや手順を順守して作業を行うことが重要です。

産業用ロボットに係る事故の型別労働災害発生状況（死傷者数）

	H28	H29	H30	R1	R2	計
はさまれ・巻き込まれ	12 (2)	14 (1)	16 (1)	13 (2)	13 (1)	68 (7)
激突され	8 (1)	6	6	5	5	30 (1)
高温・低温の物との接触	1	1	1		1 (1)	4 (1)
飛来・落下		1	1	1	1	4
墜落・転落	1	1	1		1	4
激突	2	1		1		4
転倒		1	1		1	3
動作の反動・無理な動作				2		2
切れ・こすれ					1	1
有害物等との接触					1	1
崩壊・倒壊		1				1

産業用ロボットに係る労働災害発生状況（死亡者数および死傷者数）

	H28	H29	H30	R1	R2	計
死亡災害	3	1	1	2	2	9
死傷災害（休業4日以上）	24	26	26	22	24	122

厚生労働省「労働者死傷病報告」による死傷災害発生状況より作成

　産業用ロボット取扱い作業ではどのような原因でどのような災害が起きているのか、災害事例を見ながら確認してみましょう。

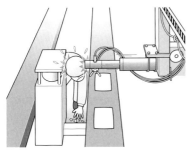

事例1 　運転中 　はさまれ・巻き込まれ

　受像用パネル製造工場において、製造ラインのコンベヤ内にあったパネル破片を取り除く作業中、作業者がロボットのアームにはさまれた。

　災害発生当日、被災者は、夜勤に従事し、ラインの監視を主な業務としていた。監視中、コンベヤ内にパネル破片があることを発見したので、コンベヤに接近し、破片を取り除いていたところ、ロボットのアームが作動し周辺の機械（コンベヤの減速機）との間に頭部をはさまれた。

危険のポイントや対策について、「①産業用ロボットの特性」「②作業の危険性」「③安全作業のポイント」を考えてみましょう。例えば、次のようになります。

①特性：プログラムにより、速く複雑で予測できない動きをする。力が強い。
②危険性：こうした監視作業では、破片などを発見すると、それを取り除きたい一方で、ラインの生産を止めたくない心理も働き、「多分、大丈夫だろう」と思ってしまう。
③ポイント：ロボットの可動範囲内(注)に入って作業を行う場合は、運転を停止し、動力源を遮断する。また、管理監督者は、職場のシステムについて、安全柵の扉を開けたり可動範囲内に入ろうとするとインターロックが働きロボットの運転が停止するようなものとする。

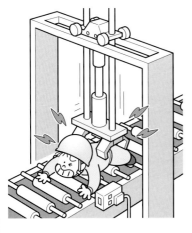

事例2 　運転中 　はさまれ・巻き込まれ

　自動車製造業のアルミ鋳造工場において、鋳造ラインのワーク搬送装置（ローダー）であるロボットのハンドに作業者がはさまれた。

　鋳造ラインはほぼ自動化されており、災害発生当日、被災者は、ラインの流れを見守り、ワークが順調に流れていくことを監視していた。被災者は、ラインに何らかの異常を発見し、安全柵の扉を開け中に入ったところ、運転中のロボットのハンド等にはさまれた。扉にはリミットスイッチが設置されていたが、インターロックが働かず、ローダーが停止しなかった。

①特性:一見、止まっているように見えても、急に動き出すことがある。
②危険性:リミットスイッチのインターロックがあるからと、運転停止を行わないで柵内に入ると、インターロックの取り方によっては停止から復帰して動き出したり、場合によってはインターロックが働かないこともある。
③ポイント:ロボットの可動範囲内(注)に入って作業を行う場合は、運転を停止する。作業前に、インターロックや非常停止装置の点検を行う。また、管理監督者は、職場のシステムについてリミットスイッチ等は信頼性の高いものを使用し、インターロック作動時には復帰操作を行わなければ復帰しないようなものとする。

事例3 運転中(チョコ停) はさまれ・巻き込まれ

※ 産業用ロボットを含む自動プレスラインでの事例

　自動搬送ライン(コンベヤとロボット)がトラブルで停止したときに、作業者が柵内に入っていたところ、ラインが復旧し、動き出したプレス機械にはさまれた。

　搬送ラインの安全柵の扉には安全プラグが設けられていたが、扉とプラグをつなぐチェーンが長く、安全プラグを抜かずに安全柵内に入れるようになっていた。被災者は、段取り替え時に油砥石を安全柵内に置き忘れ、ロボットの異常でラインが停止したときにこれを取りに柵内に入った。このとき、別の作業者が復帰操作をし、自動運転を再開させたため、搬送ラインの復旧によりプレス機械の起動条件が整い、起動し、被災者がはさまれた。

①特性:他の機械と連動し、システムとして作動するため、異常時や復帰時に思いがけない動きとなる場合がある。
②危険性:自動運転中は、ワークの位置ズレ等の単純原因により一時的な停止(チョコ停とも呼ばれる)が発生することがある。こうした停止時間を減らせば生産性が上がるからと、安全確認をいいかげんにして再開を急ぐと危険である。
③ポイント:柵内に入るときは、運転を停止し、動力源を遮断する。安全プラグがある場合、安全プラグを必ず携帯する。チョコ停からの再開時は、柵内の安全確認をし、運転の合図をしてから起動操作をする。また、管理監督者は、安全プラグ等の有効性を確認するとともに、チョコ停の情報を収集し、改善対策を検討・実施する。

(注)「安全柵内」と「可動範囲内」は、厳密には異なるものですが、産業用ロボットの設置場所は安全柵で囲われていることが多く、柵内では、いつでも身体の一部または全部が可動範囲内に入る可能性があり、ロボットと接触する危険性があります。柵内＝可動範囲内と考えましょう。

事例4 教示作業中 はさまれ・巻き込まれ

インデックス(回転)テーブルと溶接ロボットが連動する自動車部品製造の溶接ラインの調整作業中、不意にテーブルが動き、作業者が足をはさまれた。

被災者は、インデックステーブルで溶接位置の調整(教示)を行っていた。このとき、教示の手順書どおり、テーブルのスイッチはONのままだった。一方、別の作業者が同じテーブルのジグ2の確認作業を行っており、作業の必要からライン操作盤のロボット操作スイッチをONにしたところ、思いがけずテーブルまで動いてしまい、被災者はロボットとジグ3の間に足をはさまれた。

①特性:この例のライン操作盤(インデックステーブルとロボットの動きを制御)のような操作盤・制御盤はシステムごとに作動範囲・構成が異なる。

②危険性:遠隔教示作業ではロボットを運転して行うことが多く、誤操作の場合に危険がある。特に位置調整中は、ロボットやワークに接近することもあるが、作業に集中しているため、不意の危険に気づきにくく、回避が難しい。

③ポイント:教示作業では、手順や合図の方法などについて、定められた作業規程を順守して作業する。管理監督者は、システムの機能・構造や作業のやり方を十分に把握して作業者とともに作業規程を作成し、周知・徹底する。また、必要に応じて監視人を配置する等の措置を行う。

事例5 検査作業中 ※ 激突され

使用していないロボットからモータを取り外す作業中、不意にアームが動き、作業者に激突した。

ロボットのJ2軸(垂直回転)のモータが故障し、予備がなかったため、使用していないロボットから同一型のモータを取り外して使用することとなった。アーム先端側では被災者が油圧ジャッキ式の台車で支え、モータ側では別の作業者がクレーンを用いてモータを支えながら、モータの固定ボルトを外し、モータを引き出した。

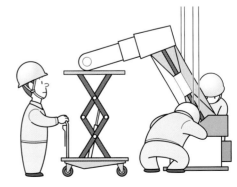

モータが抜け、J2軸の固定が自由になった瞬間、スプリングバランサの作用でアームが急に前方に動き、被災者の頭部に激突した。

①特性：ロボットは重量のある部品で構成されている。電源オフ時にも姿勢が保たれるよう、ブレーキやバランサ等の機構がある。

②危険性：通常は、ブレーキやバランサの働きによって姿勢が保たれているが、検査・保全作業の際に部品を取り外すと、不意に下降したりする場合がある。

③ポイント：部品取外しの影響をよく検討した上で作業を行う。また、管理監督者は、検査や保全作業で起こり得る状況を想定し、順守すべき手順を明確化する。検査等の作業については、月例点検等の現場で実施できる範囲にとどめ、モータの取外し等の作業はロボットメーカーに依頼するのもひとつの方法である。

※ なお、この事例の作業は産業用ロボットの運転中の作業ではないため、特別教育が必要な検査等には該当しません。

（厚生労働省　職場のあんぜんサイト「労働災害事例」より、一部改変）

参考　ここも危ない！　産業用ロボットの起こす「事故の型」

　災害件数の多い「はさまれ・巻き込まれ」「激突され」以外についても3ページの下の表の事故の型を見ながら考えてみましょう。

● 「高温・低温の物との接触」……モータ付近は熱くなるので、接触すると火傷する危険性があります。また、溶接ロボットの場合、溶接時の熱による火傷の危険性があります。暑熱な作業場では、熱中症にも気を付ける必要があります。

● 「飛来・落下」……ロボットのハンド等がワークをつかんだ状態で、アームが勢いよく旋回してワークが飛んだり、把持力が低下して落下する危険性があります。

● 「墜落・転落」……上方に設置されたロボットや、大型のロボットの上部を点検する場合、適切な墜落防止措置を行わないと墜落・転落するおそれがあります。

● 「激突」……保護帽を着用せずに作業していると、立ち上がった際に頭部をハンド等にぶつけるおそれがあります。

● 「転倒」……ロボットのアームに背部を押されて転倒したり、不意の動作に驚いて転倒する危険性があります。

● 「動作の反動・無理な動作」……教示や検査の作業では、無理な姿勢をとって腰痛になる危険性があります。また、ロボットの不意な動作に驚いて急に身体を動かした際に腰痛やねんざを起こす危険性があります。

● 「切れ・こすれ」……加工途中で端部が鋭利となっているワークに触れると、切傷する危険性があります。また、研磨ロボットの場合、研磨部に触れて負傷する危険性があります。

● 「有害物等との接触」……洗浄用の薬品、溶剤、塗料、機械油等は、肌に触れたり吸引すると有害なものや炎症を引き起こすものがあります。溶接ロボットの場合、溶接時の強い光による電光性眼炎や、粉じん、溶接ヒューム等にも気を付ける必要があります。

● 「崩壊・倒壊」……パレットからの荷卸しの教示中、操作を誤って荷が崩れる危険性があります。

3 産業用ロボットの基本事項

産業用ロボットとその種類

　産業用ロボットとは、マニピュレータ（アーム）および記憶装置を有し、記憶装置の情報に基づきマニピュレータの伸縮、屈伸、上下移動、左右移動もしくは旋回の動作またはこれらの複合動作を自動的に行うことができる機械のことで、「人間の腕と手の動作・機能に類似した多様な動作・機能を有する自動機械」と言うこともできるでしょう。

　産業用ロボットは、「溶接」「運搬」「組立て」「仕分け」「塗装」等、様々な用途に使用されています。

　産業用ロボットには多様な形状のものがあり、アームの作動の機械構造形式により分類すると、次のようなものになります。

- ●直角座標ロボット：直動軸3個　（図A）
- ●円筒座標ロボット：直動軸2個＋回転軸1個
- ●極座標ロボット：直動軸1個＋回転軸2個
- ●多関節ロボット：回転軸3個　（垂直多関節ロボット、図D（10ページ））
- ●その他……スカラロボット　（水平多関節ロボット、図B）
    - 　　　　　　　パラレルリンクロボット　（図C）

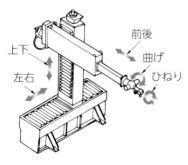

図A　直角座標ロボット

　図D（10ページ）のロボットは、腕と手首の軸の数の合計で6軸あります。最近では、回り込みに有利な「7軸ロボット」や、2本の腕で作業できる「双腕ロボット」など、さらに高度な制御機能や知能（AI）を備えたロボットも登場しています。

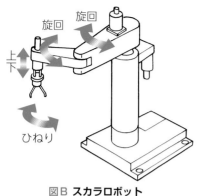

図B スカラロボット

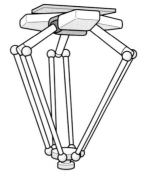

図C パラレルリンクロボット

　図Bのスカラロボット※は、組立て作業などで多く使われています。

　図Cのパラレルリンクロボットは、ハンド部分が軽いため素早い動きを得意とし、仕分け作業などで多く使われています。

※ SCARA は、Selective Compliance Assembly Robot Arm の略。

　産業用ロボットの動力源としては、電気式（電動）のほか、油圧式、空圧式がありますが、最近では電動のロボットが多くを占めています※。以後、本書では、電動の垂直多関節ロボットとその周辺装置、関連機械等を含めた作業について紹介していきます。

※ 電動のロボットでも、ハンド部分に空圧が使われていることがあります。

参考　「産業用ロボット」の適用除外となる機械

　次のようなものは、安衛則の「産業用ロボット」の適用除外となっています（詳細は、「資料2」（28ページ）を参照）。
- 定格出力80W以下の機械
- 固定シーケンス制御装置の情報に基づき伸縮、上下、左右、旋回の動作のうち1つの単調な繰り返しを行う機械
- 可動範囲が半径300mm、高さ300mm（円筒座標型の場合）等の狭い範囲内に収まる円筒座標型・極座標型の機械　など

　これらに該当する場合でも、機械一般について規定されている措置は順守する必要があります（14ページ参照）。

本書で中心的に記述する6軸の「垂直多関節ロボット」は次のようなものです。

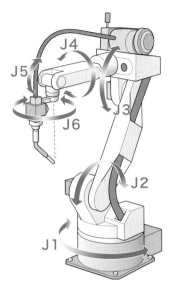

アームの先端部(メカニカルインタフェース)に、用途に応じたエンドエフェクタ(溶接トーチ、塗装のスプレーガンなどのツールや、ワーク等を把持するためのメカニカルハンド)を取り付けます。

●人間の腕とロボットのアームの動きの比較 (軸の呼び方は一例)

肩関節 ……………	第1軸(J1、水平回転)
	第2軸(J2、垂直回転)
上腕のひねり ………	なし
肘関節 ……………	第3軸(J3)
前腕のひねり ………	第4軸(J4)
手首関節 …………	第5軸(J5)
(ひねり) …………	第6軸(J6)

人間の上腕のひねりはロボットにはありませんが、手首の先でひねりができるので、同じように自由な動きができます。

図D 垂直多関節ロボットの例
(エンドエフェクタ:溶接トーチ)

●制御システム構成(例)

プレイバック運転のロボットを中心として使用されている、サーボ制御ロボットの制御システム構成(例)には次のようなものがあります。

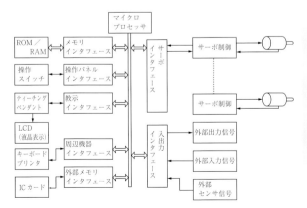

サーボ制御……モータ軸の駆動側と反対部分にある位置検出器(エンコーダ)から位置、速度データをフィードバックし、アームを目標の位置、姿勢、速度に到達させることができるようになっています。

安全柵は、運転中の機械との接触による危険防止のため設置されます。

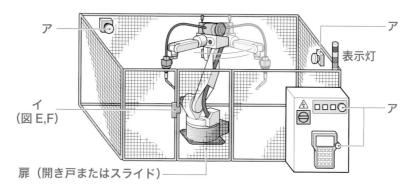

ア　表示灯

イ
（図E,F）

ア

扉（開き戸またはスライド）

ア　非常停止ボタン等

ボタンを押すと機械が非常停止し、ボタンがロックされます。安全を確認後、矢印の方向に回しロックを解除します。コンベヤ等では、ロープ式の非常停止スイッチが用いられることがあります。

イ　不意の作動の防止の例

柵内での作業時の機械の作動を防止するために用いられます。

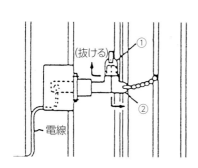

指示ランプ　インターロックスイッチ
アクチュエータ

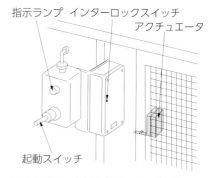

起動スイッチ

（抜ける）
①
②
電線

図E　安全プラグの例
①を引き抜き、②を外し、①を携帯し柵内に入る。回路が遮断され機械の運転ができない状態になる。

図F　電磁ロック付きドアスイッチの例
機械の運転を停止しないと扉を開けることができない。

ウ　その他の保護装置の例

このほか、光線式安全装置やマットスイッチ、エリアセンサなどが使用・併用されることがあります。これらは、人の侵入を検知し、機械の運転を停止します。
（補足）安全の情報に基づき、運転や扉の開閉等を禁止したり許可する仕組みを「インターロック」という。

　ロボットは、様々な関連機械、周辺装置等と連動し、複雑な作業を行うことができます（図は簡略化しています）。

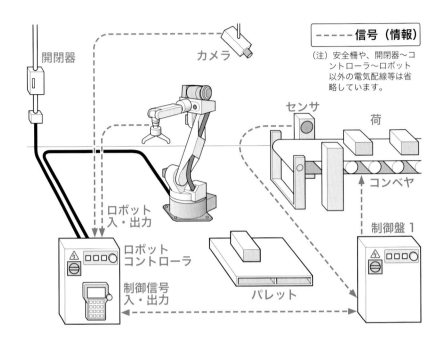

●システム内制御信号伝達方式

　システム構成は用途や連動する機械等により異なりますが、最小限、機構部本体と制御装置を有します。システム制御盤は、産業用ロボットと関連機械を協調運転させるために設置されるもので、独立して設置されることもあれば、ロボットや関連機械の制御装置にこの機能を持たせることもあります。伝達方式の一例を示します。

伝達方式の一例（バス方式）

　こうしたシステムでは、作業する機械の操作が他の機械の作動に及ぼす影響を作業前に検討する必要があります。また、非常停止ボタンの有効範囲が、ひとつの機械や一部のエリア（機械のグループ）に限定されていることがあるため、注意が必要です。

　教示は、産業用ロボットに特有の作業です。手動操作等に関する知識は、教示の作業のためにはもちろん、検査後のテスト運転のためにも必要です。

●教示方式と手順

　産業用ロボットへの教示方式は、大きく次の3種類に分類されます。

直接教示方式 （ダイレクトティーチ）	作業者がアーム・ハンドの一部を持って、位置・姿勢や作業条件を直接入力していく方式
遠隔教示方式 （リモートティーチ）	教示操作盤での手動操作により位置・姿勢を教示し、あわせて作業条件等をプログラミングする方式（本書の主な対象）
間接教示方式 （オフラインティーチ）	3次元データでのシミュレーションなどを行いながら動作や作業条件を作り込む方式

　教示の際、教示操作盤の有効スイッチをオンにすると、他の操作盤等からの操作（非常停止を除く。）ができない構造となっています。また、教示の際は、動作モードを手動・低速（最高速度250mm/秒）に設定します。

●手動（ジョグ）操作（図G（b）参照）

　手動操作は、①直角座標系を指定して操作（X・Y・Z軸の向きと軸回りの回転（RX・RY・RZ、A・B・C等メーカーにより異なる））、②各軸操作（1〜6軸を操作）、があります。＋、−と動作の向きに注意が必要です。

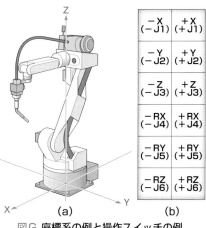

−X （−J1）	＋X （＋J1）
−Y （−J2）	＋Y （＋J2）
−Z （−J3）	＋Z （＋J3）
−RX （−J4）	＋RX （＋J4）
−RY （−J5）	＋RY （＋J5）
−RZ （−J6）	＋RZ （＋J6）

（a）　　　　（b）
図G　座標系の例と操作スイッチの例

●主な座標系

（注）メーカーにより様々な呼び名があります。

直角座標系	本体の座標系	ベース座標系	図G（a）参照。
		メカニカルインタフェース座標系	メカニカルインタフェースのフランジ面上に定義された座標系で、ツール座標系を設定するときの基準となる。
	ツール座標系		ツール先端点の位置とツールの姿勢を表す。
	その他のユーザ座標系		必要に応じて設定する。
（軸座標系）			直角座標系の代わりに、第1〜6軸の角度を表したもの。

「位置」……ロボットの座標系（ベース座標系等）の原点から見た制御点（ツール先端またはメカニカルインタフェース）の位置。3自由度
「姿勢」……ロボットの座標系から見たツール等の姿勢。3自由度

4 産業用ロボット取扱い作業と関係法令

機械一般に関する事項

　産業用ロボットは機械の一種であるため、産業用ロボットについての法令の規定のほか、機械一般についての規定も適用されます。

①安全委員会での調査審議（法17条、則21条）

　新規に採用する産業用ロボットに係る危険の防止に関することは、安全委員会（安全衛生委員会）の付議事項に含まれる。

②リスクアセスメント（法28条の2）

　以下の時期等にリスク評価を行い、必要なリスク低減措置を実施。
　・設備の新規採用、変更時 ⎫
　・作業方法・作業手順の新規採用、変更時 ⎬ 則24条の11

③安全装置等の有効性の保持（則28条、29条）

　事業者は、安全装置や覆い、囲い等について、点検・整備を行う。
　労働者は、・安全装置や覆い、囲い等を無効化したり、取り外さない。
　　　　　　・無効化されているのを発見した場合は、すみやかに上司に伝える。
　　　　　　・許可を得て無効化した場合は、用が済んだあと直ちに有効な状態に戻す。

④機械についての一般基準（則101条～111条）

　特に、第104条（運転開始の合図）……事業者は、運転開始の合図を定め、合図を行わせること。労働者は、合図に従うこと。

（補足）掃除、給油、検査等の場合の運転停止（則107条）の特別な場合として、産業用ロボット運転中に行わなければならない場合については、則150条の5（右ページ）が適用される。

参考　"直ちに"と"すみやかに"は、どう違う？

　法令上、"直ちに"は「何をおいてもすぐに、即時に」といった意味があり、即時性が最も強い表現です。法令では、"遅滞なく"という表現も出てきますが、これは「事情の許す限りすぐに」といった意味で、正当・合理的な遅れは許される含みがあります。"すみやかに"はこの間で、「できるだけすぐ」といった意味の表現です。上記③の安全装置、覆い、囲いに関する部分では、労働者に対し"直ちに"や"すみやかに"と求めています。意図的な無効化は絶対に行わないこと、異常を発見したらすぐに対応し、有効性を保持することが非常に重要です。

法令上、以下の業務を「教示等」「検査等」とし、特に規定を設けています。

Ⓐ**教示等**……マニピュレータの動作の順序・位置・速度の、設定・変更・確認

Ⓑ**検査等**……検査・修理・調整（教示等に該当するものを除く。）と、これらの結
果の確認。なお、教示作業前の点検（則151条）も検査に含む。

	教示等　則36条31号		検査等　則36条32号	
特別教育の対象者	条件：駆動源を遮断して行うものを除く。	可動範囲内において教示等を行う者と、その教示者と共同して可動範囲外で機器の操作を行う者	条件：運転中に行うものに限る。	可動範囲内において検査等を行う者と、その検査者と共同して可動範囲外で機器の操作を行う者
	教示等　則150条の3		検査等 （上記Ⓑの検査・修理・調整に加え、掃除・給油を含む。）則150条の5	
作業時の措置	駆動源を遮断して作業	ア 起動スイッチ等の操作防止措置（作業中の表示等）	原則	オ 運転を停止 カ 起動スイッチの操作防止措置（作業中の表示等）
	駆動源を遮断しないで作業	上記アに加え、 イ 教示作業前の点検（則151条）……検査に該当 ウ 作業規程の作成 エ 当該作業者または監視人が異常時に直ちに停止できる措置	上記以外の場合	キ 作業規程の作成 ク 当該作業者または監視人が異常時に直ちに停止できる措置 ケ 運転状態切替えスイッチ等の操作防止措置（作業中の表示等）

（補足）①運転中に掃除・給油のため可動範囲内に入ることについては、管理監督者は、原則として行わせ
ないようにする（災害事例参照）。定期的なものは、作業前点検や定期検査の一環として実施すること
もひとつの方法である。
②「作業中の表示等」については、表示板の脱落や見落としのおそれがあることから、施錠の措置を併用
することが推奨される。

参考　"駆動源を遮断""運転中"とは

"駆動源を遮断"とは、作動部分と動力源（電源）の間が遮断されていることをいい、サーボモータがOFFの状態またはクラッチが切られた状態を指しますが、クラッチがあっても制御で入／切するような場合は該当しないため、通常は、"駆動源を遮断"＝「サーボ電源がOFF」（制御電源の停止も含む）の状態と考えられます。"運転中"とは、サーボ電源ON／OFFや作動の状態（動いている／停止している）は関係なく、「メインスイッチ・起動スイッチがON」の状態を幅広く表します。

①安全柵等の設置（則150条の4）

事業者は、産業用ロボットを運転（教示等・検査等のための運転を除く。）する場合、接触による危険を防止するための安全柵の設置等の措置を講じなければなりません。

②雇入れ時等の教育（則35条）

事業者は、雇入れ時や作業内容変更時には、作業者に対し、「機械等の危険性」「安全装置の性能、取扱い」「作業手順」「作業開始時の点検」等について教育を行わなければなりません。前ページの「特別教育の対象者」以外の作業者についても、産業用ロボット取扱い作業に必要な知識を教育する必要があります。

なお、管理監督者は、駆動源を遮断してのみ教示等を行う作業者、運転を停止してのみ検査を行う作業者、教示等や検査等を行わない作業者についても、特別教育の実施を検討するとよいでしょう。

参考 　産業用ロボットに関する（厚生）労働省通達

　法令に出てくる"○○等の措置"といった部分は、「通達」という行政の文書で例示や補足的に説明されていることがあります。ロボット関連通達としては昭和58年基発第339号通達があり、次のように示しています。

● 則150条の3「起動スイッチ等」の「等」……運転状態切替えスイッチが含まれる。

● 同条「作業中である旨を表示する」……表示板への表示。作業中ランプの点灯。

● 同条「作業中である旨を表示する等」の「等」……監視人を配置し、スイッチ等を操作させないようにすること。または、操作盤全体に錠をかけること。

● 則150条の4「さく又は囲いを設ける等」の「等」……①労働者の接近を検知しロボットの作動を停止させ、再起動操作をしなければロボットが作動しないような光線式安全装置、マットスイッチ等を設けること。②監視人を配置し、可動範囲内に立ち入らせないようにすること。③ISO規格（ISO10218-1：2011及びISO10218-2：2011）に適合するロボットを、その使用条件に基づき適切に使用すること。　など

● 則150条の5「作業中である旨を表示する等」（前ページの表中のカ）の「等」……①作業者に安全プラグを携帯させること。②監視人を配置し、スイッチ等を操作させないようにすること。③操作盤全体に錠をかけること。

● 同条「運転状態を切り替えるためのスイッチ等」の「等」……停止スイッチが含まれる。

　事業者は、「駆動源を遮断しないで行う教示等」または「運転中に行う検査等」に当たっては、産業用ロボットの種類、関連する機械等との連動の状況、設置場所、教示等・検査等の作業内容等の実態に即して、不意の作動による危険または誤操作による危険を防止するために、次の事項について定めた規程を作成し、作業者は、それに従って作業を行います（則150条の3、5）。

（補足）作業規程の作成に当たっては、関係作業者、メーカーの技術者、労働安全コンサルタント等の意見を求めるように努めることとされている（技術上の指針：参考囲み参照）。

作業規程に含まれる事項	項目等
①産業用ロボットの操作の方法および手順	・起動の方法　　・スイッチの取扱い ・作業の方法　　・確認の方法およびこれらの手順
②作業中のマニピュレータの速度（教示等の作業を行う場合）	
③複数の作業者に作業を行わせる場合における合図の方法	
④異常時に作業者がとるべき異常の内容に応じた措置	・非常停止を行うための方法 ・ロボットの非常停止を行ったとき、併せて、関連する機械等を停止させる方法 ・電圧、空気圧、油圧等が変動したときの措置 ・非常停止装置が機能しなかった場合の措置
⑤異常時に運転を停止した後、再起動させるときの措置	・可動範囲内において作業を行う者の安全の確認 ・異常事態の解除の確認 ・関連機械等がロボットのスイッチ等と連動されている場合には、当該機械等による危険についての措置
⑥その他必要な措置	・スイッチ等に作業中である旨を表示する等作業従事者以外の者が当該スイッチ等を操作することを防止するための措置 ・作業者または監視人が異常時に直ちに停止できる措置 ・作業を行う場合の位置、姿勢等 ・ノイズによる誤作動の防止方法 ・関連機械等の操作者との合図の方法 ・異常の種類および判別法

参考　技術上の指針

　「産業用ロボットの使用等の安全基準に関する技術上の指針」（昭和58年公示第13号）では、上記の作業規程を含めた、様々な使用上の留意事項が述べられています。技術上の指針の構成は次のとおりです。

1	総　　則	2	選　　定	3	設　　置	4	使　　用
5	定期検査等	6	教　　育	7	その他		

5 安全作業のポイント

作業ルールを守る

　関係法令、ロボットの構造・機能や作業内容、災害事例、リスクアセスメント結果等を踏まえ、事業場での作業ルール（作業規程、作業手順等）が定められています。「ルールを守って作業する」ことが、安全作業のために重要です。最も基本的な作業ルールは次のとおりで、これをもとに、自事業場での作業に合わせて決められた手順等に従って作業します。

① 作業服および保護帽の着用等、服装・保護具のルールを守ること。
② 自動運転中は安全柵内に入らないこと。
③ 安全装置等を無効にしないこと。作業開始前点検で異常を発見したら、すぐに上司に報告すること。

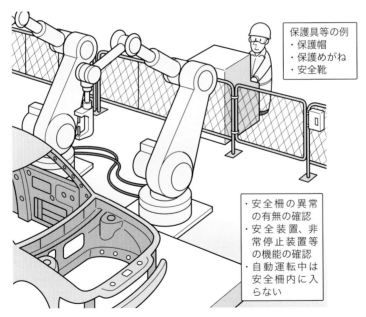

保護具等の例
・保護帽
・保護めがね
・安全靴

・安全柵の異常の有無の確認
・安全装置、非常停止装置等の機能の確認
・自動運転中は安全柵内に入らない

（注）18ページおよび19ページでは、作業者の様子等が見やすくなるよう柵を低く描いているが、設置する柵、囲い等は作業者が容易に侵入できない構造、高さ等のものとしなければならない。

④**教示・検査等の資格が必要な作業は、有資格者が行うこと。無資格作業をしないこと。柵内へは、安全柵の扉等の決められた出入口以外からは立ち入らないこと。**

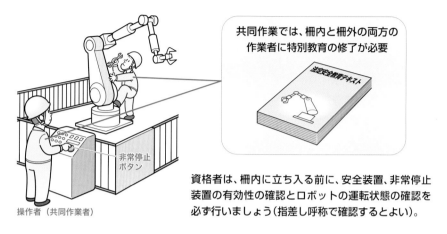

共同作業では、柵内と柵外の両方の作業者に特別教育の修了が必要

操作者（共同作業者）　非常停止ボタン

資格者は、柵内に立ち入る前に、安全装置、非常停止装置の有効性の確認とロボットの運転状態の確認を必ず行いましょう（指差し呼称で確認するとよい）。

⑤**教示・検査等、可動範囲内で作業を行うときは、異常時に直ちに運転を停止できるようにし、安全を確保すること。**※

| ア | 監視人の配置
（非常停止・立入禁止） | または | イ | 適切な教示操作盤の使用 | | 可動範囲内の全員 |
| | | | ウ | 非常停止スイッチの携帯 | | |

※ 作業者が可動範囲全体での作動状態を把握できない状態で作業を行う場合や可動範囲内で複数の者が作業する場合、アの措置が望ましい。

ア　必要な権限を有する監視人を可動範囲外でロボットの作動を見渡せる位置に配置し、監視の職務に専念させ、㋐および㋑の事項を行わせる。
　　㋐　異常の際に直ちに非常停止装置を作動させること。
　　㋑　関係作業者以外の者を可動範囲内に立ち入らせないこと。

イ　㋐および㋑の構造を有する教示操作盤を用いて作業を行わせる。
　　㋐　教示操作盤が有効のとき、他の操作盤等の機器からの操作（非常停止を除く。）を行うことができない構造。
　　㋑　教示の際、作動スイッチを押している間だけロボットが作動し、手を離すと直ちに停止する構造（ホールド・トゥ・ラン）。

ウ　非常停止用のスイッチを可動範囲内で作業を行う者に携帯させること。

（注）上記イについては、通常、教示操作盤は㋑のような構造だが、教示操作盤の有効スイッチは常にオンにしておくこと。また、アの措置の併用がより安全である。

　点検や検査で共同作業者がいる場合は、所定の合図を明確に行います（点検・検査時期と点検箇所、方法等の例は次ページの表参照）。職場にあるロボットの点検箇所等については、ロボットの種類やメーカー等によって異なるため、作業手順書や取扱説明書を確認してください。

①作業開始前点検

　その日の作業を開始する前に、次の事項等について点検を行います。点検は、可能な限り可動範囲外で行います。

　ア　制動装置の機能
　イ　非常停止装置の機能
　ウ　安全柵、光線式安全装置等の接触防止のための設備と産業用ロボットとのインターロックの機能
　エ　関連機器と産業用ロボットとのインターロックの機能
　オ　外部電線、配管等の損傷の有無
　カ　供給電圧・油圧・空圧の異常の有無
　キ　マニピュレータの作動の異常の有無
　ク　異常音、異常振動の有無
　ケ　安全柵、光線式安全装置等の状態

②定期検査

　次の事項等について、設置場所、使用頻度、部品の耐久性等を勘案し、検査項目、方法、判定基準、実施時期等の検査基準に従い、検査を行います。

　ア　主要部品のボルトの緩みの有無
　イ　可動部分の潤滑状態その他可動部分に係る異常の有無
　ウ　動力伝達部分の異常の有無
　エ　油圧・空圧系統の異常の有無
　オ　電気系統の異常の有無
　カ　作動の異常を検出する機能の異常の有無
　キ　エンコーダの異常の有無
　ク　サーボ系統の異常の有無
　ケ　ストッパーの異常の有無

　また、交換部品については、項目ごとに間隔（稼動時間や月数、年数）を決め、それに従って交換等の整備を行うとよいでしょう（例：ロボットコントローラのメモリのバッテリー交換、2年ごと）。

　専門性の高い検査項目等は、事業場によっては、保全部門（ロボット以外の機械も含めた機械設備全般を担当）と分担している場合もあります。検査体制を確認し、漏れがないよう実施しましょう。

点検・検査時期と点検箇所、方法等の例

作業番号	点検						点検箇所	方法	点検・処置内容
	日常	3カ月 750H	6カ月 1,500H	1年 3,000H	3年 9,000H	6年 18,000H			
1	○						目盛表示板	目視	マークの一致、汚損
2	○						外部リード線	目視	傷、汚れなどのチェック
3	○						外部全体	目視	じんあい、スパッタなどの清掃、各部の亀裂、損傷の有無点検
4		○					ベースのボルト	目視	欠損、緩みのチェック、増し締め
5			○				ベースコネクタ	触感	緩みのチェック、増し締め
6				○			機内リード線（J1軸部）	テスタ	ベースのメインコネクタ、中間コネクタ間の導通テスト（手で配線を揺すりながら確認）
7				○			リミットスイッチ、ドグ	目視、テスタ	汚損、欠損、緩みのチェック、増し締め、動作の確認
8				○			リンク部	目視、触感	J2、J3軸を前後・上下に動かしベアリング部のガタのチェック
9					○	○	機内リード線（各軸関節部）	—	機内リード線交換、グリース塗布*
10					○	○	機内バッテリユニット	テスタ	電圧チェック結果2.8V以下の場合は交換*
11				○	○	○	すべての減速機	目視、聴覚	異常の有無点検、グリース交換*

＊ 6年点検においては、マニピュレータ全体のオーバーホールとする。

③補修等

　作業開始前点検または定期検査で異常を認めたときは、直ちに補修その他必要な措置を講じます。空圧系統部分の分解、部品交換等を行うときは、あらかじめシリンダ内の残圧を開放することが必要です。定期検査または補修等を行ったときは、内容を記録し、3年以上保存します。

　補修等のうち専門性の高い作業はメーカーのサービス部門に依頼します。

　確認運転は、できる限り可動範囲外で行います。

　教示等の作業で共同作業者がいる場合は、所定の合図を明確に行います。

①**教示作業前の点検**（この点検は「検査」（特別教育が必要）に該当）

　教示等の作業開始前に、次の事項について点検を行い、異常を認めたときは、直ちに補修その他必要な措置を講じます。

　　ア　外部電線の被覆または外装の損傷の有無（運転を停止して）
　　イ　マニピュレータの作動の異常の有無（可動範囲外で）
　　ウ　制動装置および非常停止装置の機能（可動範囲外で）
　　エ　配管からの空気・油漏れの有無

②**教示作業時**

　以下に留意して作業を行います。

　　ア　教示操作盤の有効スイッチは、作業の小休止の際もオフにしないこと。
　　イ　ロボットに背を向けないこと。
　　ウ　ロボットと関連機械またはテーブルなど、その間に挟まれるような位置で作業しないこと。
　　エ　教示位置への手動キーでの操作時は、毎回、キーを目で確認してから操作すること。また、思わぬ動きとならないよう、座標系に注意し、移動経路（直線等）についても、ケーブルやハンドが関連機械等に干渉したり衝突しないよう気を付けること。
　　オ　ハンドの開閉操作時は、ワークの落下に注意すること。
　　カ　確認運転時は、可動範囲内に人がいないことを確認すること。また、初回は必ず低速でのステップ運転を行うこと。
　　キ　関連機械の動きにも十分注意すること。

自動運転時の措置

　自動運転中は安全柵内に入らないことの徹底が重要です。

①**作業開始前点検を行う。**

②**自動運転の開始前に、次の事項を確認する。**

　　ア　可動範囲内に人がいないこと。
　　イ　教示操作盤、工具等が所定の位置にあること。
　　ウ　ランプや画面表示に、ロボット、関連機械の異常を示す表示がないこと。

③**定められた合図により、関係作業者に自動運転開始の合図を行う。**

④**自動運転開始後、ランプや画面表示に、自動運転中であることを示す表示があることを確認する。**

⑤ロボットまたは関連機械に異常が発生した場合、応急措置等のため可動範囲内に立ち入るときは、立入りの前に次の措置を講じる。※

非常停止装置を作動させる等により
ロボットの運転を停止

かつ

・安全プラグを携帯
・起動スイッチに作業中である旨を
　表示
など他の人が操作することを防止する
ための措置

※ 15ページの表中の「作業時の措置」の「検査等」に該当し、原則として運転を停止する。さらに、監視
人の配置や、起動スイッチ等への施錠等の措置を行ったほうがよい。

⑥ 上記⑤の「異常」が故障による停止や誤作動であったり、原因等が不明な場合は、上司に報告する（検査作業者や監督者等で対応することとなる）。一方、ロボットや関連機械のチョコ停の場合は、次ページの事項に留意する。

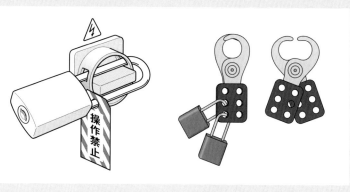

参考　ロックアウト・タグアウト

「（スイッチ等に）錠を掛ける」措置、「表示板を取り付ける」措置は、「ロックアウト」「タグアウト」と呼ばれ、そのための器具等も市販されています。右は、起動装置に錠を掛け、穴の部分に人数分の南京錠を掛けることで、全員が危険区域から外に出ないと起動できないようにするための器具の例です。

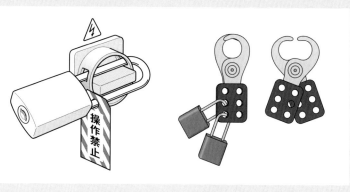

チョコ停時の留意事項

①「チョコ停」での被災が多い

「チョコ停」で作業ツールの作業完了条件が整わないため信号が発信されず、産業用ロボットが待ち状態(静止状態)になっているのを「停止(ホールド)している」と誤認することがよくあります。運転を停止せずに可動範囲内に入り、異常が除去され条件が整った途端に(作業者から見れば不意に)産業用ロボットが高速で作動し被災するという災害が多く発生しています。

ロボットは、一見止まっているように見えても本当に止まっているとは限りません。運転を確実に停止することが重要です。

②原因例と対応方法の検討

下表のように、ロボットの用途ごとに様々な原因が考えられます。また、関連機械の異常が原因の場合も考えられます。起こり得る状況を検討し、異常処理手順を定めておくことが大切です。手順の定まっていないものについては、上司に相談し、明文化を進め、定められた手順を守って対応するようにしましょう。

用途別「チョコ停」原因例

用途	「チョコ停」原因
全般	予定外材料投入
アーク溶接	芯線溶着、芯線不足、遮へいガス不足
スポット溶接	チップドレッシング、チップ溶着
バリ取り	刃物破損、構成刃先、切れ味不良、粉じん／切りくず除去
組立て	挿入時のジャミング
搬送	つかみ損ね、ワーク崩れ
塗装・糊付け	気泡混入

再起動時の留意事項

異常処置後の起動(再起動)については、次のことに留意しましょう。

前回の異常(アラーム)の原因の軽重により、復旧操作が異なる場合があり、プログラムの実行位置(何行目から再開するか)も異なる場合がある。再起動と同時に、急にロボットが動き被災する危険もある。

再起動時のプログラム実行位置や関連機械等の状態に応じて適切な対応が取れるよう、決められた手順に従って再起動操作を行う。

関連機械との連動の概要（12ページのロボットシステムの例）

- 関連機械との連動の概要について、イメージをつかんでおきましょう。
- 必要な配線とプログラム（条件判断、移動、ハンド開閉など）、教示を行い、稼動したとします。次の荷がなくなりロボットが止まっているように見える（静止状態、㋐の手前）とき、作業者の手がセンサを横切るとロボットが動き出すことが考えられます。

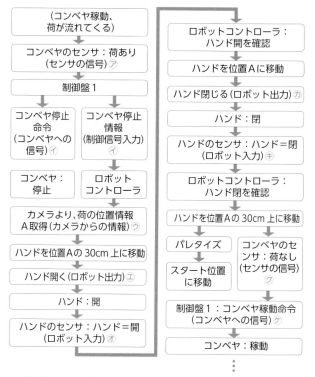

（注）例示のため、簡略化しています。このほか、安全装置等の連動も必要です。

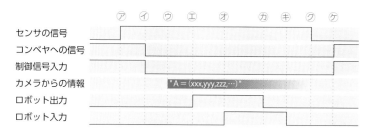

(資料１) 労働安全衛生規則中の主な関係条文

(安全装置等の有効保持)

第28条　事業者は、法及びこれに基づく命令により設けた安全装置、覆い、囲い等(以下「安全装置等」という。)が有効な状態で使用されるようそれらの点検及び整備を行なわなければならない。

第29条　労働者は、安全装置等について、次の事項を守らなければならない。

1　安全装置等を取りはずし、又はその機能を失わせないこと。

2　臨時に安全装置等を取りはずし、又はその機能を失わせる必要があるときは、あらかじめ、事業者の許可を受けること。

3　前号の許可を受けて安全装置等を取りはずし、又はその機能を失わせたときは、その必要がなくなつた後、直ちにこれを原状に復しておくこと。

4　安全装置等が取りはずされ、又はその機能を失つたことを発見したときは、すみやかに、その旨を事業者に申し出ること。

② 　事業者は、労働者から前項第４号の規定による申出があつたときは、すみやかに、適当な措置を講じなければならない。

(雇入れ時等の教育)

第35条　事業者は、労働者を雇い入れ、又は労働者の作業内容を変更したときは、当該労働者に対し、遅滞なく、次の事項のうち当該労働者が従事する業務に関する安全又は衛生のため必要な事項について、教育を行なわなければならない。ただし、令第２条第３号に掲げる業種の事業場については、第１号から第４号までの事項についての教育を省略することができる。

1　機械等、原材料等の危険性又は有害性及びこれらの取扱い方法に関すること。

2　安全装置、有害物抑制装置又は保護具の性能及びこれらの取扱い方法に関すること。

3　作業手順に関すること。

4　作業開始時の点検に関すること。

5　当該業務に関して発生するおそれのある疾病の原因及び予防に関すること。

6　整理、整頓及び清潔の保持に関すること。

7　事故時等における応急措置及び退避に関すること。

8　前各号に掲げるもののほか、当該業務に関する安全又は衛生のために必要な事項

② 　略

(特別教育を必要とする業務)

第36条　法第59条第３項の厚生労働省令で定める危険又は有害な業務は、次のとおりとする。

31　マニプレータ及び記憶装置(可変シーケンス制御装置及び固定シーケンス制御装置を含む。以下この号において同じ。)を有し、記憶装置の情報に基づきマニプレータの伸縮、屈伸、上下移動、左右移動若しくは旋回の動作又はこれらの複合動作を自動的に行うことができる機械(研究開発中のものその他厚生労働大臣が定めるものを除く。以下「産業用ロボット」という。)の可動範囲(記憶装置の情報に基づきマニプレータその他の産業用ロボットの各部の動くことができる最大の範囲をいう。以下同じ。)内において当該産業用ロボットについて行うマニプレータの動作の順序、位置若しくは速度の設定、変更若しくは確認(以下「教示等」という。)(産業用ロボットの駆動源を遮断して行うものを除く。以下この号において同じ。)又は産業用ロボットの可動範囲内において当該産業用ロボットについて教示等を行う労働者と共同して当該産業用ロボットの可動範囲外において行う当該教示等に係る機器の操作の業務

32　産業用ロボットの可動範囲内において行う当該産業用ロボットの検査、修理若しくは調整(教示等に該当するものを除く。)若しくはこれらの結果の確認(以下この号において「検査等」という。)(産業用ロボットの運転中に行うものに限る。以下この号において同じ。)又は産業用ロボットの可動範囲内において当該産業用ロボットの検査等を行う労働者と共同して当該産業用ロボットの可動範囲外において行う当該検査等に係る機器の操作の業務

(運転開始の合図)

第104条　事業者は、機械の運転を開始する場合において、労働者に危険を及ぼすおそれのあるときは、

一定の合図を定め、合図をする者を指名して、関係労働者に対し合図を行なわせなければならない。

② 労働者は、前項の合図に従わなければならない。

（掃除等の場合の運転停止等）

第107条 事業者は、機械（刃部を除く。）の掃除、給油、検査、修理又は調整の作業を行う場合において、労働者に危険を及ぼすおそれのあるときは、機械の運転を停止しなければならない。ただし、機械の運転中に作業を行わなければならない場合において、危険な箇所に覆おいを設ける等の措置を講じたときは、この限りでない。

② 事業者は、前項の規定により機械の運転を停止したときは、当該機械の起動装置に錠を掛け、当該機械の起動装置に表示板を貼り付ける等同項の作業に従事する労働者以外の者が当該機械を運転することを防止するための措置を講じなければならない。

（教示等）

第150条の3 事業者は、産業用ロボットの可動範囲内において当該産業用ロボットについて教示等の作業を行うときは、当該産業用ロボットの不意の作動による危険又は当該産業用ロボットの誤操作による危険を防止するため、次の措置を講じなければならない。ただし、第１号及び第２号の措置については、産業用ロボットの駆動源を遮断して作業を行うときは、この限りでない。

1 次の事項について規程を定め、これにより作業を行わせること。

 イ 産業用ロボットの操作の方法及び手順

 ロ 作業中のマニプレータの速度

 ハ 複数の労働者に作業を行わせる場合における合図の方法

 ニ 異常時における措置

 ホ 異常時に産業用ロボットの運転を停止した後、これを再起動させるときの措置

 ヘ その他産業用ロボットの不意の作動による危険又は産業用ロボットの誤操作による危険を防止するために必要な措置

2 作業に従事している労働者又は当該労働者を監視する者が異常時に直ちに産業用ロボットの運転を停止することができるようにするための措置を講ずること。

3 作業を行つている間産業用ロボットの起動スイツチ等に作業中である旨を表示する等作業に従事している労働者以外の者が当該起動スイツチ等を操作することを防止するための措置を講ずること。

（運転中の危険の防止）

第150条の4 事業者は、産業用ロボットを運転する場合（教示等のために産業用ロボットを運転する場合及び産業用ロボットの運転中に次条に規定する作業を行わなければならない場合において産業用ロボットを運転するときを除く。）において、当該産業用ロボットに接触することにより労働者に危険が生ずるおそれのあるときは、さく又は囲いを設ける等当該危険を防止するために必要な措置を講じなければならない。

（検査等）

第150条の5 事業者は、産業用ロボットの可動範囲内において当該産業用ロボットの検査、修理、調整（教示等に該当するものを除く。）、掃除若しくは給油又はこれらの結果の確認の作業を行うときは、当該産業用ロボットの運転を停止するとともに、当該作業を行つている間当該産業用ロボットの起動スイツチに錠をかけ、当該産業用ロボットの起動スイツチに作業中である旨を表示する等当該作業に従事している労働者以外の者が当該起動スイツチを操作することを防止するための措置を講じなければならない。ただし、産業用ロボットの運転中に作業を行わなければならない場合において、当該産業用ロボットの不意の作動による危険又は当該産業用ロボットの誤操作による危険を防止するため、次の措置を講じたときは、この限りでない。

1 次の事項について規程を定め、これにより作業を行わせること。

 イ 産業用ロボットの操作の方法及び手順

 ロ 複数の労働者に作業を行わせる場合における合図の方法

 ハ 異常時における措置

 ニ 異常時に産業用ロボットの運転を停止した後、これを再起動させるときの措置

 ホ その他産業用ロボットの不意の作動による危険又は産業用ロボットの誤操作による危険を

防止するために必要な措置

2　作業に従事している労働者又は当該労働者を監視する者が異常時に直ちに産業用ロボツトの運転を停止することができるようにするための措置を講ずること。

3　作業を行つている間産業用ロボツトの運転状態を切り替えるためのスイツチ等に作業中である旨を表示する等作業に従事している労働者以外の者が当該スイツチ等を操作することを防止するための措置を講ずること。

（点検）

第151条　事業者は、産業用ロボツトの可動範囲内において当該産業用ロボツトについて教示等（産業用ロボツトの駆動源を遮断して行うものを除く。）の作業を行うときは、その作業を開始する前に、次の事項について点検し、異常を認めたときは、直ちに補修その他必要な措置を講じなければならない。

1　外部電線の被覆又は外装の損傷の有無

2　マニプレータの作動の異常の有無

3　制動装置及び非常停止装置の機能

（資料２）安衛則の「産業用ロボット」の適用除外となる機械

厚生労働省告示「労働安全衛生規則第36条第31号の規定に基づく厚生労働大臣が定める機械」

昭和58年6月25日労働省告示第51号
改正：平成12年12月25日労働省告示第120号

1　定格出力（駆動用原動機を2以上有するものにあつては、それぞれの定格出力のうち最大のもの）が80ワット以下の駆動用原動機を有する機械

2　固定シーケンス制御装置の情報に基づきマニプレータの伸縮、上下移動、左右移動又は旋回の動作のうちいずれか一つの動作の単調な繰り返しを行う機械

3　前二号に掲げる機械のほか、当該機械の構造、性能等からみて当該機械に接触することによる労働者の危険が生ずるおそれがないと厚生労働省労働基準局長が認めた機械

（補足）上記の趣旨等は、昭和58年基発第339号、「第3　細部事項」のⅠの5(2)参照。

労働省※当時労働基準局長通達「労働安全衛生規則第36条第31号の規定に基づき厚生労働大臣が定める機械を定める告示第3号の機械」

昭和58年6月28日基発第340号

1　円筒座標型の機械（極座標型又は直交座標型に該当するものを除く。）で、その可動範囲が当該機械の旋回軸を中心軸とする半径300ミリメートル、長さ300ミリメートルの円筒内に収まるもの。

2　極座標型の機械（円筒座標型又は直交座標型に該当するものを除く。）で、その可動範囲が当該機械の旋回の中心を中心とする半径300ミリメートルの球内に収まるもの。

3　直交座標型の機械（円筒座標型又は極座標型に該当するものを除く。）で、次のいずれかに該当するもの。

(1)　マニプレータの先端が移動できる最大の距離が、いずれの方向にも300ミリメートル以下のものであること。

(2)　固定シーケンス制御装置の情報に基づき作動する搬送用機械で、マニプレータが左右移動及び上下移動の動作のみを行い、マニプレータが上下に移動できる最大の距離が100ミリメートル以下のものであること。

4　円筒座標型、極座標型及び直交座標型のうちいずれか2以上の型に該当する機械にあっては、上記1から3までに規定する要件のうち該当する型に係る要件に全て適合するもの。

5　マニプレータの先端部が、直線運動の単調な繰り返しのみを行う機械（昭和58年労働省告示第51号本則第2号に該当するものを除く。）。

（参考）チェックリスト（例）

チェックリスト①　基本事項

	チェック項目	○/×
①	自分が従事する業務は、特別教育が必要か	
②	特別教育が必要な業務の場合、特別教育を受けたか	
③	職場で定められた作業服を着用しているか	
④	職場で定められた保護帽を正しく着用しているか	
⑤	作業内容に応じて職場で定められた保護具（手袋や保護めがね、安全靴、防じんマスクなど）を着用しているか	
⑥	作業手順や方法を確認したか	
⑦	複数人作業の場合、役割分担や合図の方法を確認したか	
⑧	異常発生時の対応方法を確認したか	
⑨	適正な照度を確保しているか	
⑩	ロボットと周辺装置、関連機械等の連動について、概要を知っているか	
⑪	ロボットの操作盤（コントローラ、教示操作盤）以外にも非常停止ボタンがある場合、それぞれの非常停止ボタンの有効範囲を知っているか。	
⑫	⑪に該当する場合、有効範囲を表示しているか	

チェックリスト②　作業開始前

	チェック項目	○/×
①	ロボットの点検を行ったか	
②	非常停止装置等の点検を行ったか	
③	周辺装置、関連機械等の点検を行ったか	
④	安全柵や関係者以外立入禁止の表示はあるか	

チェック項目	○/×
⑤ 安全柵は壊れたりガタついていないか	
⑥ 安全柵の出入口の安全装置、安全扉のインターロック等が無効化されていないか	
⑦ 安全装置等が故障したり無効化されているのを発見したら、すぐに上司（監督者、責任者、管理者等）に報告しているか	
⑧ 安全柵内の安全確認や合図を行う等を決められた手順で行っているか	
⑨ 健康状態はよいか（だるさ、腰痛、手足のしびれなどはないか）	

チェックリスト③ 教示、検査等

チェック項目	○/×
① 複数人で特別教育が必要な教示・検査等の作業を行う場合、全員が特別教育を受講しているか	
② 特別教育が必要な教示・検査等の作業を行う場合、その作業の作業手順等（作業規程）が作成されているか	
③ 非常停止装置等の作動を点検し、指差し呼称で確認してから安全柵内に入っているか	
④ ロボットの運転状態について、切替えスイッチや液晶表示を指差し呼称で確認してから安全柵内に入っているか	
⑤ 教示・検査時にロボットや関連機械を作動させるときは決められた合図を行っているか	
⑥ ロボットと作業テーブルの間等、不意の作動や誤操作で挟まれる位置で作業していないか	
⑦ 教示の際、教示操作盤により手動操作でアームを動かすとき、低速モードにしているか	
⑧ 上記の操作のとき、押すスイッチを毎回目視確認しているか	
⑨ 教示後の確認運転は、まず低速でステップごとに動かすなど、慎重に行っているか	
⑩ 検査・補修等の作業時、電源投入する検査項目は最小限となっているか	
⑪ 定期検査・補修等は決められた間隔で適切に行っているか	
⑫ 専門性が高い検査・補修等は、必要な能力を有する検査・保全担当者やメーカーのサポート係が実施しているか	

チェックリスト④　異常時の措置等

チェック項目	○/×
① 自動運転の監視作業等の場合、トラブル時の対応手順、報告方法、報告先等は決まっているか	
② トラブル時には①の決まり事（ルール）どおり行っているか	
③ ロボットは、止まったように見えていても急に動き出すことがあることを理解しているか	
④ 教示・検査等だけでなく、自動運転中にも危険があり、災害が発生していることを理解しているか	
⑤ チョコ停時に安全柵内に入るときは、運転停止等の必要な措置を毎回行っているか	
⑥ ロボットそのものの異常だけでなく、周辺装置、関連機械等の異常も含め、対応手順が決まっているか	
⑦ 再起動時は、安全柵内の安全確認や合図を行う等決められた手順どおり行っているか	
⑧ 非常停止ボタン等の各種の非常停止装置をすべて使ったことがあるか。いざというとき、迅速に使えるか	
⑨ 緊急時の停止方法・退避方法について理解し、身に付けているか	
⑩ 事故時の対応や連絡体制（社内、消防署等）を知っているか。それらは明文化されているか	
⑪ 緊急時、事故時の対応について、安全教育や朝礼、作業指示等の機会に説明を受けたか。理解しているか	

あなたを守る！
作業者のための安全衛生ガイド

産業用ロボット取扱い作業

令和3年6月14日　第1版第1刷発行

編　者	中央労働災害防止協会
発行者	平山　剛
発行所	中央労働災害防止協会
	〒108-0023
	東京都港区芝浦3-17-12
	吾妻ビル9階
電　話	販売 03 (3452) 6401
	編集 03 (3452) 6209

デザイン・イラスト	㈱ジェイアイプラス
イラスト	平松　ひろし
印刷・製本	㈱日本制作センター

落丁・乱丁本はお取り替えいたします。　　　©JISHA 2021
ISBN978-4-8059-1983-5　C3053
中災防ホームページ　https://www.jisha.or.jp/

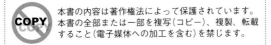